TRAITÉ

THÉORIQUE ET PRATIQUE

DE

L'ART DE BÀTIR,

PAR JEAN RONDELET,

MEMBRE DE L'INSTITUT.

SIXIÈME ÉDITION.

TOME PREMIER.

IMPRIMERIE ET FONDERIE DE FAIN,
RUE RACINE, N°. 4, PLACE DE L'ODÉON.

1830.

TRAITÉ

THÉORIQUE ET PRATIQUE

DE

L'ART DE BÂTIR,

PAR JEAN RONDELET.

A PARIS,

CHEZ M. A. RONDELET FILS, ARCHITECTE,

ÉDITEUR DES OEUVRES DE SON PÈRE,

PLACE SAINTE-GENEVIÈVE, VIS-A-VIS L'ÉCOLE DE DROIT.

M. DCCC. XXX.

PROSPECTUS

DE LA

SIXIÈME ÉDITION,

REVUE PAR L'AUTEUR, ET DIVISÉE EN DIX LIVRES,

CINQ VOLUMES IN-4°.

Sur papier grand raisin, avec deux cents planches.

TRAITÉ

THÉORIQUE ET PRATIQUE

DE

L'ART DE BÂTIR,

PAR

JEAN RONDELET,

ARCHITECTE, MEMBRE DE L'INSTITUT.

SIXIÈME ÉDITION.

INTRODUCTION.

Dans les temps les plus reculés, les peuples, presqu'entièrement livrés aux travaux agrestes, n'ont dû connaître d'autre architecture que cette construction primitive, essentiellement subordonnée aux besoins physiques de l'homme [1] : l'expérience et la civilisation perfectionnèrent insensiblement les procédés de cet art, et dans l'histoire des nations, les monumens religieux furent le premier objet des études de l'Art de Bâtir. Des temples, l'application de l'architecture passa successivement aux autres édifices, que les besoins toujours croissans de la société rendirent bientôt nécessaires : partout l'érection de monumens durables devint, aux yeux des générations vivantes, un moyen assuré de perpétuer l'existence de leurs institutions.

---

[1] Voyez Vitruve, Liv. II, Chap. I, *De Initiis tectorum.*

DE ARTE

IN SPECULANDO

NEC NON IN EXPERIENDO

ÆDIFICATORIA,

TRACTAVIT

JOANNES RONDELET,

ARCHITECTUS, REGIÆ ARTIUM ACADEMIÆ SOCIUS.

EDITIO SEXTA.

INTRODUCTIO.

Hᴏᴍɪɴᴇꜱ ex remotissimis temporibus, quum in agris colendis vitam fere totam degerent, nullum aliud architecturæ genus procul dubio noverunt, eas præter ædificationes, quas a principio reposcebant utilitates hominis, ut ita dicam, *physicæ* [1]: mox autem, famulante usu, nec non emollitis gentium moribus, in melius profecit artis disciplina, sed ita, ut prima ejus rudimenta ad sacras ædes, si fides historiæ, spectaverint. Inde architectura in alia defluxit ædificia, quæ crescens magis ac magis hominum societas vindicabat; et totum per orbem terrarum, dum sua gentes in perpetuum commemorata vellent instituta, erigendum esse aliquod perenne monumentum penitus intellexerunt.

[1] Vide Vitruvium, Lib. II, Cap. I, *De Initiis tectorum.*

Les essais de l'Art de Bâtir diffèrent entre eux, autant par la nature des ressources matérielles que pouvaient offrir aux premières peuplades les lieux où elles se trouvèrent rassemblées, que par les influences politiques et morales, sous lesquelles se développa leur intelligence. C'est pourquoi, indépendamment du degré de richesse du sol en matériaux propres à bâtir, cet art paraît d'abord plus près de sa perfection, là, où le raisonnement, bien plus que la simple pratique, vient présider à ses premières combinaisons.

Chez les Égyptiens, qui les premiers semblent avoir entrevu l'avenir dans les âges les plus reculés, l'Art de Bâtir n'eut en vue, dès son origine, qu'une immuable solidité. Ce but, une fois atteint par des procédés qui ressortent bien plus des facultés instinctives [1], que d'une intelligence éclairée, détermina pour toujours le système de l'architecture égyptienne. En effet, parmi les monumens de l'Égypte qui sont parvenus jusqu'à nous, et qui, d'après d'anciennes traditions, ou d'après certains caractères distinctifs, semblent appartenir à des époques très-éloignées entre elles, il est presque impossible de reconnaître aucun progrès dans cet art. D'ailleurs, les Égyptiens, ayant exécuté d'abord avec la matière qu'ils n'ont cessé de mettre en œuvre, ne devaient trouver dans la suite aucune raison de modifier les combinaisons que leur avaient fait adopter les qualités architectoniques de cette matière.

---

[1] Dans les monumens des Celtes, les plus informes de tous, on retrouve, à la façon près, les élémens des constructions égyptiennes. Leur disposition présente même, quelquefois, une recherche que ces derniers n'ont pas connue; témoin le *Stone-Henge*, près de *Salisbury*, dans le *Wiltshire*, monument décrit par *Inigo Jones*, et dans lequel cet architecte croit, contre toute vraisemblance, reconnaître un ouvrage romain. Voyez, *The most notable antiquity of Great Britain Stone-Henge on Salisbury plain restaured by Inigo Jones, esquire, architect general to the late king.* In-fol., *London*, 1655.

Au reste, ce qui est dit ici de l'architecture égyptienne peut également s'appliquer aux monumens de la Perse et de l'Inde; ainsi qu'on peut le reconnaître dans les ouvrages de Chardin et Corneille Le Brun, sur la Perse, et celui de M. Langlès sur les monumens de l'Indoustan.

Quidquid vero in arte ædificatoria inchoabant, non tantum ex proprietate materiæ in loco, in quem convenerant, subpetentis, sed etiam ex civitate publicisque moribus, diversam ingeniis formam tribuentibus, in magnam varietatem abiit. Ergo, si excipiamus soli copias ad ædificandum idoneas, hæc erit præcipua progrediendi causa, quod apud quosdam meditatione et intellectu, nec vero quotidiana tantum et fere cæca exercitatione, tentamina fulcirentur.

Videlicet apud Ægyptios, qui futuras in ætates primi longius prospexisse videntur, nihil aliud quam stabilitatem immotam, ars ædificatoria quæsivit; qua quidem inventa (instinctu quodam, potius quam solerti animo id gignente [1]), ægyptiacum architecturæ genus in æternum stetit. Et enim inter Ægypti monumenta, quæ ad nos pervenerunt, et in quibus, suadente historia perantiqua, vel adspectu ipso ædificii proprio, ætatum intervalla produntur longinqua, vix ullum procedentis artis vestigium deprehenditur. Ægyptiis præterea, qui eamdem ab initio materiam adhibuerant, qua in posterum usi sunt, nulla causa fuit cur a priscis ædificandi formis, olim natura ipsa materiæ architectonica semel adductis, recederent.

---

[1] In Celtarum monumentis, quæ maxime informia habentur, omnia præter artificis ipsissimum operandi modum, ægyptiacæ architecturæ elementa reperiuntur. Imo apud illos dispositio interdum aliquid præbet exquisiti, quo caruerunt Ægyptii; et argumento mihi erit monumentum adpellatum *Stone-Henge*, prope Salesburiam in *Wiltshire*, ab architecto *Inigo Jones* descriptum, et in quo (et si minime verisimile est), opus Romanorum vetustum agnoscere vir doctus sibi videtur. Vide *The most notable antiquity of Great Britain Stone-Henge on Salisbury plain, restaured by Inigo Jones, esquire, architect general to the late king.* In-fol., *London*, 1655.

Cæterum, quod nunc de Ægyptiaca dicitur, pariter de Persica et Indica structura intelligendum est, quod satis nos docent scripta *Chardini* et *Cornelii Le Brun*, Persicam spectantia, et doctissimi *Langlès* *Sur les monumens de l'Indoustan*.

Dans la Grèce, l'architecture, qui sous un certain rapport parvint à un si haut degré de perfection, fut, dans la direction prise après ses premiers essais, induite en erreur sur quelques données élémentaires de l'art de bâtir. Avant d'employer la pierre et le marbre à la construction de leurs édifices, les Grecs avaient comme consacré par un système d'édifices en charpente les élémens de leur architecture [1]; et, lorsqu'ils eurent recours à des substances plus durables, on les vit se borner à l'imitation pure et simple de formes et de combinaisons bien adaptées aux premiers édifices en bois, et que son emploi semblait seul pouvoir admettre. La scrupuleuse fidélité qu'ils apportèrent dans cette imitation, tout en révélant la cause des égaremens de l'art, vient aussi déposer en faveur du discernement, qu'ils mêlèrent à leur erreur capitale. Trop judicieux pour s'aveugler entièrement sur la fausse route qu'ils prenaient, on les vit s'appliquer à faire disparaître, à force d'art, les contradictions choquantes que présentait, à chaque instant, cette étrange métamorphose. On dirait que, déjà instruits par la sculpture à faire oublier dans la reproduction des formes des êtres animés, l'inertie, la

---

[1] Plusieurs passages de Pausanias ne laissent aucun doute à cet égard. Entr'autres exemples de constructions en charpente rapportés par cet auteur, voici ce qu'il dit au sujet d'une colonne de bois conservée dans le temple de Jupiter, à Olympie.

« En allant du grand autel au temple de Jupiter, on trouve une colonne de » bois, que les Éléens appellent la colonne d'OEnomaüs; c'est à gauche. Quatre autres » colonnes soutiennent le plafond de ce côté-là, et servent aussi d'appui à la colonne » de bois, tellement cariée de vétusté, qu'on a été obligé de la revêtir de cercles de » fer. On dit que c'était autrefois une colonne du palais d'OEnomaüs; et que ce fut » tout ce qui en resta, lorsque ce palais fut dévoré par le feu du ciel; des vers gravés » sur une lame de cuivre attestent cette particularité... » (*Eliac.* V, C. XX, § 3.)

En parlant du temple de Junon, à Olympie, il avait déjà observé : « que l'une » des deux colonnes, que l'on voyait figurer à la partie postérieure du temple, était » en bois de chêne. » (*Ibid.* C. XVI, § 1.)

Voici les autres exemples cités par cet auteur : « Les Éléens, dit-il, ont dans » leur place publique un autre temple d'une espèce singulière; ce temple est d'une » hauteur médiocre, et n'a point de murs; il est soutenu par des piliers de bois de » chêne. On croit à Élis que c'est la sépulture de quelque grand personnage, mais » on ne sait pas de qui; s'il en faut croire un vieillard que je questionnai, c'est le » tombeau d'Oxilus. » *Idem* (Liv. VI, Chap. XXIV).

Pausanias cite en dernier lieu le nouveau temple de Neptune, que l'on voyait

Apud Græcos, architectura, quæ summum artis cacumen in quibusdam tetigit, a veris tamen ædificandi legibus aberravit, dum in tentamina quædam abiret. Nempe antequam lapides atque marmora construendo adhibuissent, Græci assueta lignearum ædificationum compositione elementa artis quasi constituerant [1]; et, postquam ad firmiorem materiam recurrerunt, id duntaxat curaverunt, ut formas et structuræ rationem imitarentur, ligneis ædificiis olim bene congruentes, sed quas nova materia respuere videbatur. Illa autem obsequiosa imitatio, cui sese adstrinxerunt, tum erroris causam patefacit, tum acre simul judicium testatur, quo in ipsa hallucinatione ista non caruerunt. Callidiores nempe, quam ut se aberrare a recto aliquantulum non intelligerent, toto animo incubuerunt ad corrigendum iterum atque iterum arte ingeniosa quidquid discrepantis in nova ædificandi ratione observabatur. Græcos dixeris, quos sculptura spirantem formam inerti ponderosaque ac fragili materia exprimendam edocuerat,

---

[1] Hoc Pausanias variis in locis ullo sine dubio adstruit, nonnullaque inter structuræ materiariæ exempla ab auctore illo relata, sic loquitur de lignea columna in Jovis Olympico templo conservata.

« OEnomai quam adpellant ipsi etiam Elei columnam, ea exstat ab ara maxima ad » Jovis ædem euntibus. Quatuor sane erectæ sunt ad lævam columnæ, quibus lacunar » sustinetur. Fulciunt eædem ligneam columnam jam vetustate ruentem, ferreisque » incinctam vinculis. Columnam eam fama pervulgavit, in OEnomai domo fuisse. » solamque stetisse, quum domus reliqua fulmine conflagrasset. Id elegi testantur in » ænea tabella ante ipsam columnam incisi...» (Cf. Pausan. *Eliac.* sive, Lib. V, C. XX, § 3.)

Idem de templo Junonis Olympico jam notaverat : « columnarum, quæ in postico » templi sunt, alteram e quercu esse. » (*Ibid.*, C. XVI, §. 1.)

Alia en exempla ab auctore illo referuntur : «Novam etiam quamdam, ait, in Eleorum » foro templi formam vidi. Modicæ est ædes altitudinis, sine parietibus, tectum a » quercu dolatis fulcientibus tibicinibus. Monimentum id esse inter omnes populares » convenit : ecquisquam vero in eo sit conditus, non memorant. Quod si vera senex » quidam, quem sum percontatus, mihi exposuit, Oxyli esse monimentum statuen- » dum fuerit. » (Pausan. *Eliac.* II. sive Lib. VI, C. XXIV, § 7.)

Et tandem laudat Pausanias novum Neptuni fanum, quod juxta Mantineam

pesanteur et la fragilité de la matière[1], ils se sont efforcés de transmettre figurément à la pierre l'apparence des qualités nécessaires pour des combinaisons de charpente.

Guidés par cet esprit d'observation qui les distingue dans tous leurs ouvrages, on les voit masquer avec soin le nombre de pierres qu'ils emploient pour remplacer la poutre formant l'architrave. Le besoin d'offrir par l'enchaînement apparent l'aspect d'une stabilité rassurante, les conduit à unir entre elles d'une manière imperceptible[2] les extrémités des parties ajoutées : mais le désir de dissimuler davantage cette jonction leur fait tracer des lignes transversales en relief, qui imitent la longueur continue des solives. L'œil fut d'autant plus facilement abusé par cet artifice, qu'ailleurs ils accusent, sans restriction, le nombre et la grandeur des morceaux, qui entrent dans la formation des murailles.

Dès lors, les procédés de l'Art de Bâtir devinrent les mêmes en Grèce qu'en Égypte; à cette différence près, que les Égyptiens, peu enclins à sacrifier la réalité à l'apparence en matière de construction, avaient d'abord compris que toutes les conditions de la solidité, dans l'emploi qu'ils faisaient de la pierre, ne pouvaient résider que dans une certaine massivité; tandis que les Grecs, ayant, en quelque sorte, fixé l'art sur les propriétés inhérentes au bois, furent naturellement conduits à simuler l'apparence des qualités essentielles de cette matière, lorsqu'ils lui substituaient la pierre et le marbre.

auprès de Mantinée : « C'est Adrien qui l'a fait bâtir, avec la précaution de
» commettre des surveillans, pour empêcher que les ouvriers ne regardassent dans
» l'ancien temple, et n'en enlevassent aucune démolition ; et il a voulu que l'ancien
» temple fût renfermé dans le nouveau. Quant à l'ancien temple, il est entièrement
» formé de pièces de bois de chêne assemblées avec art, et l'on croit qu'il fut con-
» struit par Agamèdes et Trophonius. » *Idem*, Liv. VIII, Chap. X, § 2. (Voyez
aussi Vitruve, Liv. IV, Chap. II.)

[1] Parmi tous les chefs-d'œuvre de la sculpture antique que le temps nous a conservés, il suffira d'indiquer ici la statue désignée sous le nom de *Gladiateur Borghèse*, pour rappeler jusqu'à quel point les Grecs poussèrent la hardiesse en ce genre.

[2] Il est d'ailleurs bien essentiel d'observer que leur calcul ne se bornait pas à ces démonstrations. On peut voir, Livre VII, Chap. II, par quels moyens cachés ils opéraient effectivement cette liaison.

tunc contendisse, ut lapidem ea specie induerent, quæ proprietates ligni in ædificando præ se ferrent [1].

Mox illi, utpote perspicaci ingenio præditi (quod quidem omnibus in eorum operibus nitet), ad id incumbunt, ut accurate celent quot lapides adhibuerint in loco trabis, quæ epistylium figurabat. Quum autem stabilitatis adspectu carere hoc epistylium nollent, partium conjunctarum extremitates connexione oculos sensumque fugiente, adsuunt : imo, ne connexionis vestigium ullum superesset [2], lineas anaglypticas transverse ducunt, trabum longitudinem continuam referentes. Qua quidem industria eo facilius deceptus fueris, quod alioquin nuda ostentatione prodant quot et quanta in formandis parietibus fragmenta collocaverint.

Jam tunc ædificatoriæ eædem leges apud Græcos atque Ægyptios vigent, si hoc unum excipias, quod hi, quum ædificando rei speciem anteponere parum studerent, soliditatem in adhibendis lapidibus, mole quadam constare ab initio intellexerint; dum illi, postquam artem lignea materia quasi instituissent, inde ad id unum spectarent, ut lapides et marmora ligni speciem imitarentur, cujus in vicem succedebant.

stabat : « Illud, ait, exædificandum curavit D. Adrianus, adhibitis inter fabros » speculatoribus, ne quis aut intra vetus templum aspiceret, aut ruderis ex eo quic- » quam sineret alio transportari : ita vero ædificari jussit, ut vetus templum novo » circumquaque incingeretur. Priscum illud templum quernis inter se arcte compac- » tis trabibus, Agamedes et Trophonius erexisse dicuntur. » (Pausan. *Arcad.,* sive. Lib. VIII, C. X, §. 2. Cf. et Vitruvium, IV, 2.)

[1] Inter omnia, quæ supersunt, antiquæ sculpturæ specimina, unum tantummodo, scilicet statua *Gladiator Borghesensis* adpellata, hic exemplo erit, ut in memoriam revocetur, quanta Græcorum fuerit hujus modi temeritas.

[2] Neque cogitandum est, eorum curam in ea tantum specie præbenda positam fuisse. Verum ex libro VII, Cap. II, cognoveris, quibus abditis artibus hanc juncturam, ipsius firmitatis gratia, efficerent.

Une fois abandonnés à cette hypothèse, l'ensemble de leurs constructions n'offrit plus qu'une énigme inexplicable. On y voyait figurer les matériaux, tantôt avec leurs qualités réelles, tantôt avec des qualités apparentes. La sculpture vint encore ajouter à cette confusion d'idées, en reproduisant traditionnellement l'apparence des poutres, des fermes, des solives et des chevrons, qui formaient le couronnement des anciens édifices de charpente [1] ; mais d'un autre côté, le goût avec lequel ces imitations furent opérées les mit à l'abri de tout reproche; on sembla même se prêter avec complaisance à des travestissemens ingénieux, présentés d'ailleurs sous les formes les plus séduisantes.

A la suite de ce premier perfectionnement, le bois n'avait donc encore disparu qu'à l'extérieur de leurs édifices : il continua de demeurer l'unique ressource de la construction, pour la couverture des grands espaces [2]. Ainsi, le grand problème de l'Art de Bâtir, celui de l'homogénéité dans les matières employées à la construction, restait encore à résoudre.

Tel fut l'état de cet art, tant qu'il ne connut d'autres règles en construction que l'union intime et la superposition des parties, et que, restreinte dans beaucoup de cas par la frangibilité de la pierre, l'architecture, qui aurait dû choisir ses élémens et en subordonner l'emploi à ses vues générales, était au contraire forcée d'assujettir ses combinaisons aux exigences de la matière successivement employée.

On peut donc avancer avec confiance que, jusqu'aux temps des dominations étrangères, l'Art de Bâtir demeura constamment dans l'enfance en Égypte et en Grèce.

Trop éloignés peut-être des ressources qu'avaient offertes à l'architecture les matériaux dont les Égyptiens et les Grecs étaient entourés, ou plutôt mieux éclairés sur les diverses qualités propres à ces matières, les Romains durent sans doute à ce dénûment ou à l'expérience,

---

[1] Vitruve, Liv. IV, Chap. II, *De Ornamentis columnarum.*
[2] Voyez Liv. I, 2ᵉ. sect., Chap. III, et Liv. IIIᵉ., 3ᵉ. sect., Chap. I de cet ouvrage.

Qua semel invalescente apud Græcos hypothesi, inde manavit ædificandi ratio quædam inextricabilis, materia modo suas ipsius , modo alienas proprietates, præbente. Immo major ex eo orta confusio, quod lapidem sculpendo, trabum, lignorumque et canteriorum, quibus in principio materiariæ structuræ fastigium constabat [1], adspectum imitarentur. Sed tam ingeniosa hujus modi imitatio in exsequendo visa est, ut vituperationem effugeret, nec sine voluptate quadam solertibus fallaciis, elegantissimas insuper formas inducentibus , arriderent.

Quæ quum ita sese haberent , externa tantum ædificiorum species lignea non erat; sed ligni tantum usus perstabat in tegendis latioribus fastigiis [2]. Quod igitur in ædificando summum judicandum est atque absolutum , homogenea nempe operis compages, id reperiendum etiam superfuit.

Quo quidem in statu ars quasi obdormivit, quamdiu partibus arcte jungendis et superponendis tantummodo constabat, et sæpius fragilitate lapidis coarctata, quidquid excogitatum erat , id materiæ assuetæ conditionibus adstringebat , dum elementa ædificandi ad arbitrium eligere, et materiæ usus proposito suo subjicere , debuisset.

Haud temere igitur ponendum erit, artem ædificandi apud Græcos atque Ægyptios minime processisse, et in cunabulis sorbuisse, antequam extraneæ ditioni subjicerentur.

Quod ad Romanos adtinet, aut quia architectonicis copiis egerent, quas Ægyptiis Græcisque locorum natura largius partita erat, aut quia varias earum virtutes scitius noscerent , potuit forsan ea vel inopia , vel perspicacia, egregiam industriam gignere , qua prima

---

[1] Vitruv., Lib. IV, Cap. II. *De Ornamentis columnarum.*
[2] Vide Lib. I, segm. 2, Cap. III : et Lib. III, segm. 3, Cap. I, hujus operis.

l'idée de cette savante industrie qui caractérise d'abord leurs travaux[1]. Leur premier ouvrage[2], ou du moins le seul de ces anciens temps qui soit parvenu jusqu'à nous, d'une manière authentique, présente à la fois le témoignage d'un jugement éclairé et d'une pratique ingénieuse. On y voit la pierre, quittant sa pose verticale, se diviser en coins ou voussoirs, qui se partagent également entre eux le poids d'une voûte, échappent aux conditions de la frangibilité, et ne connaissent de terme à leur résistance, que celui que la nature a mis à la densité de cette matière. Ainsi, dès leur début, ils savent suppléer par une ingénieuse combinaison, au secours périlleux[3] et trop restreint, que l'adhérence

[1] Les constructions romaines sont remarquables par l'emploi constant des arcs pour réunir les piliers et les murs, au lieu de plates-bandes comme en Égypte et en Grèce. Vitruve, au Livre VI, Chap. XI, en parle comme d'une construction propre aux Romains. Là, de même qu'au Livre Ier, Chap. V, à l'occasion des tours rondes, il apprécie les effets des constructions circulaires, composées de pierres en forme de coins. D'ailleurs, l'avantage que présentait l'emploi des arcades pour la sûreté et la facilité de l'exécution, était encore augmenté par l'affranchissement où l'on s'était mis des anciennes proportions inhérentes à chaque ordre grec.

[2] La décharge du lac d'Albano, construite l'an 358 de la fondation de Rome.

On peut encore citer les égouts de Rome, bâtis sous le règne de Tarquin-l'Ancien, 580 ans avant l'ère vulgaire. Il est bon d'observer ici que ce prince, né chez les Étrusques, dans un temps où cette nation était le plus florissante, amena, en venant à Rome, un grand nombre de personnes, parmi lesquelles il s'en trouvait d'instruites dans tous les arts et les sciences, qu'il avait cultivés lui-même. Cette précieuse tradition, et d'autres faits consignés dans cet ouvrage, attestent que l'art de bâtir fut dans un état assez avancé chez cette nation ; mais à cause de la destruction presque totale de leurs édifices, et du peu de notions que présentent à ce sujet les documens de leur histoire, il est désormais impossible de suivre, ailleurs que chez les Romains, tous les développemens de cet art en Italie.

[3] Depuis que l'art a suppléé par divers moyens à ces plafonds formés de pièces de marbre, qui couvraient, à l'instar des poutres, les portiques des temples et des propylées d'Athènes ; il semble qu'à la vue de ces constructions fragiles, on ne pourrait se défendre aujourd'hui d'un sentiment d'effroi, semblable à celui qu'éprouvèrent devant les maisons de Saint-Jean d'Acre les Bédouins du fond du désert, amenés dans cette ville du temps de Daher. Ces Arabes, dit Volney, qui ne connaissaient d'autres abris que leurs tentes tissues de poils de chèvre ou de chameau, ne pouvaient comprendre comment les maisons tenaient debout, ni comment on osait habiter dessous (*Voyage en Syrie*; Paris, 1787, tome 1er., page 358).

jam eorum opera nitent [1]. Ex quibus antiquissimum [2], unum saltem
ex illa prisca ætate ad nos sine ulla suspicione transmissum, acuti
judicii simul atque exercitationis ingeniosæ testimonium superest.
Lapidem reperire est, ab altitudine recta recedentem, cuneorum formam inducere, qui fornicis pondus inter se æqualiter impertiuntur, et
fragilitati minus obnoxii, quanta densitate materia ipsa lapidea prædita
est, tanta vi pollent resistenti. Sic ab initio, quod alii in loco trabium
lapidibus transversis periculose [3] et arctius pepererant, idem et am-
plius iis ingeniosa quadam industria obvenit.

[1] Romanorum structura, eo insignis est, quod semper fornicibus, non vero corsis,
ut in Ægypto et Græcia, pilæ parietesque conjungantur. Vitruvius, Lib. VI,
Cap. XI, de ea structura loquitur, perinde ac si Romanorum esset propria. Ibi,
sicut Lib. I, Cap. V, quum de turribus rotundis agitur, perpendit quales rotunda-
tionibus virtutes addant saxa quadrata. Fornices præterea, quum ad facile et certe
operandum utiliores erant, tum libertatem inducebant a solita Græcorum ordinum
compositione necessaria recedendi.

[2] Argumento sit lacus Albani emissarium, ab urbe condita anno 538 erectum.
Adde Romæ cloacas, Tarquinio prisco regnante exstructas, ann. 580 ante Christ.
Hic autem animadvertendum erit hunc principem, etrusca gente ortum, dum flo-
reret, secum adduxisse permultos, e quibus nonnulli erant quarumlibet artium
scientiarumque periti, quas et ipse excoluerat. Quod quidem gravissimum, et
nonnulla insuper exempla in nostro de ædificatoria arte tractatu relata, testantur
artem apud Tuscos haud mediocriter floruisse; sed nunc, illorum ædificiis fere omnino
deletis, et de iis quasi silente historia, in posterum apud Romanos tantum progre-
dientem artem in Italia sequamur necesse est.

[3] Ex quo tempore variæ artis opes in vicem venerunt illorum e marmore lacuna-
rium, quæ, trabum instar, templorum propylæorumque porticus atticas tegebant,
si quis istam fragilem structuram adspexerit, mihi videtur non posse non quasi
eodem metu moveri, quo perculsi fuerunt Beduini, ex remotis desertis Daheri ætate
Ptolemaïdem deducti, dum domos urbis contemplarentur. Isti Arabes, ait Volney,
quum nulla alia tecta, præter e textilibus caprarum camelorumve pilis tabernacula
noscerent, vix atque ægre intelligebant, quomodo starent ædes, quantumque ferreo
animo præditi essent ii, qui sub eis habitarent. (Voyage en Syrie, Parisiis, 1787,
tom. Ir., pag. 358.)

horizontale de la pierre avait offert ailleurs pour remplacer les poutres dans la construction des édifices.

Pendant qu'ils abordaient ainsi une difficulté par laquelle les Égyptiens et les Grecs semblent avoir été arrêtés, une construction d'un autre genre, et plus conforme à l'urgence des besoins d'un peuple dont les développemens furent si rapides, marchait aussi vers sa perfection ; c'est celle où le moyen d'union entre les matériaux joue le plus grand rôle. Enfin les moyens de l'Art de Bâtir parurent constamment s'accroître, en raison de l'agrandissement successif de l'empire [1] ; et lorsqu'une longue suite de succès eut mis le comble à sa prospérité, on vit l'architecture devenir entre tous les arts l'unique objet de l'orgueil d'un peuple qui avait surpassé les autres dans plus d'un genre de gloire. Alors des architectes furent appelés de la Grèce pour concourir avec ceux de Rome à élever cet art au niveau de sa nouvelle destination.

C'est du sein de cette émulation générale qu'on vit sortir ces monumens superbes, dont on pourrait à peine croire le nombre et l'importance, sans les ruines majestueuses qui, aujourd'hui encore, excitent notre étonnement. Au milieu d'une foule d'édifices plus ou moins remarquables par différens genres de mérite, il en est un surtout qui atteste d'immenses progrès dans toutes les parties de l'art, c'est celui connu de nos jours sous le nom de Temple de la Paix. En effet, l'architecture n'avait peut-être jamais rien produit de comparable ; et, pour ne parler de son mérite que sous le rapport de l'art de bâtir [2], quelle immensité d'espace couvert ! quelle étonnante justesse de proportion entre les murs, les points d'appui et les voûtes ! et en même temps la garantie d'une durée qui paraît n'avoir de terme que celle même de la matière !

Cet ouvrage fut le dernier effort de l'art chez les Romains. Beaucoup

[1] Les Romains firent usage des métaux, pour remplacer la charpente, dans la construction des édifices; ils en formèrent même des combles, des voûtes et des plafonds, comme au portique du Panthéon et aux Thermes d'Antonin Caracalla. Voyez la Planche XXVIII, Fig. 17, et l'introduction de la 2e. Sect. du Liv. VII.

[2] Voyez ce qui est dit à ce sujet dans l'Introduction du Livre IXe.

Dum hanc difficultatem superarent, quam Ægyptii atque Græci ne tentasse quidem videntur, aliud quoque construendi genus (quod quidem populus tam rapide auctus magis requirebat) in dies provehebatur, illud nempe, in quo fragmentorum junctio præcipuas vices agebat. Denique ars ædificatoria, patente latius imperio [1], simul et patuit, ita ut, postquam longa triumphorum serie ad summam fortunam pervenerint, multiplici super alias gentes laude parta, solam ex artibus architecturam summa cura excolere ambitiose studuerint. Tunc architecti e Græcia advocati sunt, qui, certatim adjuvantibus Romanis artificibus, hanc artem ad destinatum culmen adducerent.

Quibus autem generatim æmulantibus, ea magnifice erecta adparuerunt monumenta, quorum et numero et splendori vix fides adhiberetur, nisi tantam ipsa ruinarum majestas admirationem moveret. Innumera illa inter ædificia, magis ac magis vario quodam decore insignia, surgit unum quod immensos artis in quocumque genere progressus testatur, id est, ut fama perhibetur, Pacis Templum. Cui autem aliquid architecturæ componendum difficile erit, et, ne ultra ædificandi artem miremur [2], quam immensum tegitur spatium, quam apte parietes et fulcimenta et fornicata congruant ? Adde diuturni status experientiam, cujus, salva tantum non manente materia, finem prospicere licet.

Quod monumentum romanæ artis summum est. Longa quidem

---

[1] In materiationis vicem metallis Romani ad construenda ædificia usi sunt : ex iis etiam fastigia, fornices et lacunaria, veluti in Panthei porticu, Thermisque Antonini Caracallæ, fabricaverunt. Vide tabul. XXVIII, Fig. 17, et Lib. VII, introductionem, segm. 2.

[2] De quo vid. Introduct. in Lib. IX.

d'autres édifices, postérieurs à celui-ci, conduisent d'époque en époque jusqu'au terme de leur puissance, sans présenter les traces d'aucun perfectionnement sensible dans leur structure.

A la suite des vicissitudes sans nombre qui assiégèrent ce vaste empire, la connaissance d'un art si perfectionné demeura ensevelie sous les ruines des ouvrages les plus étonnans qu'ait jamais produits le génie de l'homme. Ce ne fut guère qu'au commencement du seizième siècle, que l'ancienne capitale du monde vit se ranimer dans son sein, avec le retour de la paix, un nouvel enthousiasme pour les beaux-arts.

De tant de titres à l'admiration de la postérité, l'architecture des Romains, quoique mutilée par la main des Barbares, dut en premier lieu arrêter les regards de la nation régénérée. La contemplation habituelle de ces ruines, restes d'une aveugle fureur, mais sur lesquelles le temps n'avait encore porté qu'une légère atteinte, tout en excitant de profondes impressions, dévoilait à la curiosité studieuse le mécanisme secret de ces constructions hardies. Aussi lorsque, par sa vétusté, la première basilique chrétienne fut menacée d'une prompte destruction, tous les esprits applaudirent-ils à l'idée de la reconstruire sur ces anciens modèles ; et il se trouva à la fois, un génie assez élevé pour fixer le choix sur les plus beaux exemples, et des hommes assez confians pour oser en entreprendre l'exécution [1].

Ce nouveau triomphe de l'architecture antique, fut en même temps le premier et le dernier pas des modernes vers cette haute perfection de

---

[1] On sait qu'en 1506, sous le pontificat de Jules II, Bramante, qui fut le premier architecte de Saint-Pierre de Rome, avait conçu le projet de réunir ce que les anciens ont fait de plus grand et de plus magnifique, en élevant, selon son expression, le Panthéon au-dessus du Temple de la Paix.

Au reste, l'idée première d'un dôme appuyé sur de grands arcs, se retrouve dans plusieurs églises des bas siècles, et notamment dans celles de Sainte-Sophie de Constantinople, de Saint-Vital de Ravennes, de Saint-Marc de Venise, etc. En 1300, Arnolpho di Lapo l'avait reproduite dans l'église de Sainte-Marie-des-Fleurs, à Florence : mais ce fut seulement de la main de Bramante que ce motif reçut toute sa perfection.

postea ædificiorum series usque ad labantis imperii tempora procedit, sed nulla ibi vere progredientis artis vestigia deprehenduntur.

Postquam autem variis fortuna casibus vastum illud imperium fatigaverit, perfectissimæ artis leges quasi sepultæ sub ruinis jacuerunt ædificiorum, quæ humani ingenii præclarissima monumenta jure prædicari possunt; quindeciesque lapsa sunt secula, donec antiqua orbis terrarum regina, redeunte pace, novo liberalium artium amore incensa floruerit.

Scilicet monumenta æterna laude prorsus digna, conspicuas etiam Barbarorum reliquias renascenti genti præbebant : quas autem ruinas, rapidissimi furoris vestigia, sed vetustate nondum exesas, quotidiana cum admiratione contemplantibus, nec non diligenti cum studio perscrutantibus, patuit arcana audacioris hujus architecturæ ratio. Itaque christianam principem labantem basilicam ad antiquum exemplar reædificare omnibus consentaneum visum est, idque opportuni occurrit, ut præstantissimi vir fuerit ingenii, qui optimum quidquid imitandum erat, elegerit, nonnullique exstiterint satis viro confidentes, qui exsequendum opus susceperint [1].

Postquam autem novo cultu antiquam architecturam recentiores prosequuti fuissent, eo primum ad summum artis cacumen perrexe-

---

[1] Constat, anno 1506, Julio Secundo pontifice, Bramantam, qui Romanæ Sancti Petri ecclesiæ prior architectus fuit, animo habuisse in unum cumulare quidquid maxime ingens et immane antiqui ediderant, scilicet, ut ait, Pantheum Pacis ædi superponendo.

Cæterum concamerati fastigii magnis arcubus enixi specimen in nonnullis antiquis ecclesiis adparet, exempli gratia in Sanctæ Sophiæ ecclesia bysantina, in Sancti Vitali Ravennæ, in Sancti Marci Venetiis, etc. Anno 1300, *Arnolpho di Lapo* idem excogitaverat in florentina ecclesia Sanctæ Mariæ Floreæ; sed a Bramanta tantum res perfecta fuit.

l'Art de Bâtir. Mais comme cette superbe cité avait rassemblé les plus beaux modèles dans tous les arts, l'enthousiasme qu'avaient d'abord excité ces vastes fabriques, désormais hors de toutes mesures avec les besoins de ses nouveaux habitans, se reporta insensiblement sur les détails de tous genres qui avaient concouru à leur embellissement. Cette nouvelle direction donnée à l'étude de l'antiquité, fit naître cette brillante école d'artistes, également habiles dans la peinture, la sculpture et l'architecture. Au milieu de leurs immortels travaux, la plupart de ces maîtres, moins occupés d'édifices publics que d'entreprises particulières, et trouvant une application plus fréquente et plus facile de l'étude des ornemens, semblent avoir voulu s'en dédommager dans leurs écrits par l'exposition des grands principes, et faire sentir la supériorité de l'architecture, lorsqu'elle est appelée à développer ses moyens dans une plus vaste carrière. C'est sans doute à ce sentiment particulier, qu'il faut attribuer, entre autres ouvrages importans sur l'architecture, ces systèmes d'*Ordonnances* qu'ils nous ont laissés, et qui, formés comme les chefs-d'œuvre de la sculpture antique, des beautés éparses dans différens modèles[1], servirent en quelque sorte à fixer le goût en Europe, en révélant aux nations les élémens de la grande architecture.

Cependant, avant l'époque de la régénération des arts dans le centre de l'Italie, les peuples les plus éloignés de Rome n'ayant aucun conseil à prendre dans les ouvrages de leurs prédécesseurs, et encore livrés à leur propre industrie, étaient parvenus à se créer une architecture. Ici, comme en Égypte, cet art offre dès le principe, le système de construction sur lequel doivent désormais reposer toutes ses compositions; comme en Égypte aussi, il se montre préoccupé d'assurer la plus grande durée à ses ouvrages : mais au lieu de masses péniblement entassées, comme chez ce dernier peuple, l'art de bâtir opéra, le plus ordinairement, avec des matériaux que les Égyptiens auraient rebutés; et guidé

---

[1] Les cinq ordres d'architecture (Voir la Préface de Vignole, en tête de sa *Regola delli cinque ordini d'architettura*).

runt, et ultimum simul steterunt. Tunc illustri in civitate illa, in quam, veluti conspiratione quadam, optima cujusque artis specimina confluxerant, summus artium amor, ex grandioribus operibus iis, novo populo jam haud satis congruentibus, in singula seorsum ornamenta, quibus summa operis enitebat, paulatim descendit. Proinde antiquitati secus studere placuit, statimque tam picturæ quam sculpturæ, nec non architecturæ, periti artifices nascuntur. Clarissimorum autem virorum plerique, privatis potius, quam publicis, ædificiis curam impendere coacti, et sæpius occasionem nacti ornamenta ex veteribus sumta adhibendi, solatium arctioris hujus laboris quæsivisse scribendo videntur, et monstrandum curavisse, quanti præstet architectura, si in latioribus operibus vires et consilia exerceat. Quo sane intimo animi sensu moti, tum multa luculenta scripta, tum expositionem *Ordinum* reliquerunt, quæ, antiquæ instar sculpturæ, perfectissimas ex pluribus exemplaribus dotes mutuantis [1], exquisitum Europæ judicium tradiderunt, summæque architecturæ elementa gentes edocuerunt.

Attamen, antequam artes in Italia renascerentur, populi ab urbe Roma remotissimi, nulla majorum structura adjuvante, propriaque tantum industria duce, architecturam quamdam creaverant. Hic sicut in Ægypto, ars ædificandi modum a principio præbet, quo omnis postea structura constabit, pariterque in id præcipuum incumbit, ut quam diutissime stare monumentis contingat. Sed materiam, quam Ægyptii procul dubio abjecissent, plerumque adhibuerunt, nedum moles operose congestas, Ægyptiaco more, struerent; solaque exercitatione laboris moniti, in ædificandi arte usque ad inauditum progressi sunt fastigium.

---

[1] Quinque architecturæ ordines. (Vide Præfationem Vignolii, *Regola delli cinque ordini d'architettura.*)

seulement par une mécanique pratique, il parvint pas à pas aux résultats les plus inouïs.

S'il était besoin de justifier cet éloge de l'architecture gothique, il suffirait de rappeler comment, au moyen de formes et de combinaisons, la matière seule, par le double effort de sa pesanteur et de sa résistance, vient composer les ensembles les plus stables, indépendamment de la force d'union du ciment, qui ne prête qu'un faible secours aux constructions en pierre de taille; comment ensuite, par de sages dispositions, elle sait procurer une longue durée à des matières périssables; comment enfin, au milieu d'un système où tout est en action, rien cependant ne paraît fatiguer à l'œil, ni dans l'ensemble ni dans aucune de ses parties.

En un mot, savoir reconnaître et assigner pour chaque matière le mode d'emploi dans lequel l'art de bâtir peut en obtenir les services les plus durables, telle semble avoir été la règle constante de l'architecture gothique : et l'on ne peut s'empêcher de regretter de voir un système de construction si bien approprié aux ressources et à la nature de notre climat, qui pourrait convenir encore en tant de circonstances, entièrement abandonné de nos jours.

L'architecture gothique avait déjà produit les plus étonnans ouvrages, en France, en Angleterre, en Allemagne, et dans le nord de l'Italie[1], lorsque les élémens de cet art, puisés dans les monumens de Rome, se répandirent chez les nations, déjà préparées par les traditions de l'histoire à l'estime des travaux de l'antiquité. Alors comme entraîné

---

[1] Les monumens les plus remarquables bâtis dans l'intervalle du dixième au seizième siècle sont : *En France*, Sainte-Croix d'Orléans, la cathédrale de Chartres, Notre-Dame de Paris, Notre-Dame de Reims, la cathédrale d'Amiens ; — *En Angleterre*, l'église de Winchester, l'église de Cantorbéry, l'église de Westminster, l'église de Bristol, la cathédrale d'York ; — *En Allemagne*, l'église de Halberstadt, Saint-Etienne de Vienne, Elisabethskirche à Marburg, l'église de Cologne, l'église et le clocher d'Ulm ; — *En Italie*, le dôme de Pise, le dôme de Sienne, la Chartreuse de Pavie, Notre-Dame de Milan, San-Petronio de Bologne, etc.

Si autem argumento opus sit in prædicando gothico genere architecturæ, satis erit quod animadvertendum dederimus, per formas
et dispositiones quasdam materiæ, ex duplici ponderis et pressionis
virtute adæquata, ortam fuisse ædificiorum compagem firmissimam,
conglutinatione carentem arenati, quod parum in structura ex qua-
drato lapide prodest : inde intelligendum erit, quomodo callida
caducæ materiæ dispositio eam a lenta tabe fere texerit; et tandem,
partibus omnibus undique in sese invicem agentibus, nulla vel in
summa, vel in singulis, fatiscere videatur.

Uno verbo, architecturæ gothicæ præcipuum usque studium fuisse
videtur, ut dignosceretur et monstraretur cautior cujuslibet materiæ
usus, unde diutissima utilitas suppeteret : neque temperare possumus
a desiderio, quod ædificandi rationem regioni nostræ ejusque terrenis
divitiis idoneam, atque etiamnum in permultis construendis optan-
dam, omnino his diebus deseruerimus.

Gothica autem architectura, in Gallia, et Anglia et Germania, se-
ptentrionalique Italia, mirabilia monumenta jam ediderat [1], quum artis
elementa, ex Romæ monumentis mutuata, latius apud gentes, quas
historia antiquis laboribus æstimandis jampridem assueverat, magis
ac magis diffusa fuerant. Tunc subito quodam motu omnis artis

---

[1] Insignia monumenta a decimo usque ad sextum decimum sæculum constructa.
ea sunt : In Gallia, Sancta Crux Aurelianensis, cathedralis ecclesiæ Carnutensis.
ædes Nostræ Dominæ Parisiensis, Nostræ Dominæ Remensis, cathedralis ecclesia
Ambianensis : In Anglia, ecclesia *Wincester*, ecclesia Cantuariensis, ecclesia *Westminster*, ecclesia *Bristol*, cathedralis ecclesia *Yorck* : In Germania, ecclesia *Halberstadt*, Sancti Stephani Vindobonæ, *Elisabethskirche* in urbe *Marburg*, ecclesia Co-
loniensis, ecclesia et æris campani turris in urbe *Ulm* : In Italia, concameratum
fastigium Pisanum, concameratum fastigium Senense, Carthusianorum monasterium
Ticinense, ædes Nostræ Dominæ Mediolanensis, Sancti Petronii Bononiensis, etc.

par une influence magique, cet art changea entièrement de système.
Jusque-là, tout ce qui dans les édifices n'avait été réglé que par le
besoin, la convenance, enfin par une étude appropriée à l'usage, devint subordonné à l'emploi de simulacres de constructions. Renonçant
ainsi à tous les avantages que procurait l'architecture primitive, on ne
rencontra d'abord aucun de ceux qu'on pouvait retirer de l'emploi de
ces nouveaux modèles. Tel devait être, au reste, le premier résultat de
l'introduction de ces élémens, chez des peuples éloignés du théâtre
où l'architecture antique avait développé toutes ses ressources, et des
maîtres qui s'étaient formés à cette grande école[1].

A la suite des cinq ordres d'architecture, la connaissance des monumens antiques commença insensiblement à se répandre; et le goût de
la grande architecture se développa de plus en plus avec elle. Cependant, comme au milieu des chefs-d'œuvre de plus d'un genre, ces
habiles maîtres s'étaient spécialement appliqués à mesurer la modina-
ture des ordres grecs, pour en déduire les règles qu'ils nous ont trans-
mises, ils nous avaient laissés sans guides pour tout ce qui relève de la
science des constructions[2]. Ceux d'entre eux qui publièrent les édifices

[1] Les Romains furent si vivement frappés de la beauté des ordonnances grecques,
que, tout habiles qu'ils étaient déjà dans l'art de bâtir, ils n'hésitèrent pas à les con-
sidérer comme le type de l'architecture. Mais tout en accueillant avec enthousiasme
ces ordonnances si parfaites, on les vit s'efforcer à concilier les difficultés attachées
à leur emploi, avec les vastes données que leur imposaient les besoins qu'ils avaient
à remplir. C'est ainsi que dans leurs plus importantes constructions, les colonnes
ne figurèrent en effet que pour la décoration ; et que bien loin de subordonner la
composition des édifices aux fonctions restreintes de ces élémens, ils ne leur don-
nèrent la plupart du temps qu'un rôle fictif à remplir dans l'ensemble. Entre autres
exemples à l'appui de cette observation, il suffira de citer celui des énormes penden-
tifs demeurés suspendus à la masse après l'enlèvement des colonnes, qui semblaient
soutenir la retombée des voûtes d'arrête du temple de la Paix.

[2] Baldassare Zamboni a consigné dans son ouvrage sur les monumens publics de
Brescia, publié dans cette ville en 1778, les opinions émises par Sansovino, Palladio, Rusconi et plusieurs autres architectes célèbres, consultés sur la loge et le dôme
de cette ville. On voit dans ces écrits par quelles ingénieuses inductions ces maîtres
suppléaient, au besoin, à la connaissance des principes sur lesquels repose la stabilité des constructions. Nous donnons, au Livre IX, la traduction de ces précieux
mémoires.

ratio immutatur. Quodcumque in architectura necessitas convenien-
tiaque, et ad quotidianum usum reducta meditatio, suaserant, illud
ad exemplar quoddam, vel structuræ typum, composuerunt. Atque
ita derelictis primigeniæ architecturæ commodis, primum etiam defuit
utilitas, quæ ex nova disciplina manare poterat. Nec aliter fieri potuit,
dum nova artis elementa apud populos spargerentur, remotos a locis,
eximia antiquæ architecturæ specimina præbentibus, et a summis ma-
gistris, qui suam inde doctrinam hauriebant [1].

Post cognitos columnarum ordines quinque, in antiquorum monumentorum notitiam paulatim adducti fuerunt; et inde magis ac magis
summæ architecturæ studium invaluit. Sed illi quidem præstantes
magistri, quum inter varia artis prodigia, græcos fere tantum ordines
perpendissent, ut leges illas excerperent, quæ ad nos pervenerunt,
nihil de struendi scientia ipsissima statuerunt [2]. Inter quos, qui *Ædifi-*

---

[1] Romanos autem græcorum ordinum decor tanta admiratione perculsit, ut,
quamvis in arte ædificatoria jam periti, illa specimina sine dubio architecturæ typum
habuerint. At, dum perfectissimos illos ordines divino quasi cultu colerent, ad id quoque animo enitebantur, ut simul vincerent quid asperum et difficile inerat in adhibendis
ordinibus illis, et simul non recederent ab amplissima ædificandi ratione, quam publica
utilitas tunc temporis requirebat. Idcirco præcipuis in eorum constructionibus columnæ tantum decori fuerunt; et plerumque fictivas partes tantum implebant ista
elementa, nedum ædificii structura tota arctis eorum proprietatibus subjiceretur. Inter cætera, hoc argumento satis erit, scilicet in templo Pacis ingentes arcus utrique
lateri suspensos æquilibrio quodam hæsisse, avulsis columnis, quæ cameratas partes
sustinere videbantur.

[2] In opere Baldasarii Zambonii de monumentis publicis Bresciæ, ibi edito anno
1778, notatur quid senserunt *Sansovino, Palladio, Rusconi,* nonnullique alii cele-
bres architecti, consulti de tholo hujus urbis; ex iis scriptis apparet, quibus in-
geniosis consecutionibus illi magistri, notitiæ regularum quibus structura stabilis
erit, sæpius supplere possent. Quorum commentariorum insignium interpretationem
in lib. nostro IX exhibuimus.

de Rome[1], se contentèrent d'en reproduire les formes et les dimensions, avec plus ou moins d'exactitude, sans en déduire les grandes le-
çons qui eussent pour toujours complété la doctrine de l'architecture,
et prévenu les nombreux écarts où cet art tomba dans la suite. Éloignés, sans doute, des études abstraites sur lesquelles repose cette
science, par le charme entraînant des arts du dessin; on pourrait dire
d'eux, selon l'expression de Vitruve, qu'ils ne parurent pas dans la
lice armés de toutes pièces[2].

C'est aux mathématiciens du siècle qui vient de s'écouler, qu'était
réservée la gloire d'aborder et de résoudre ces questions difficiles. La
théorie des voûtes fut le premier objet des recherches de la science[3],
et l'occasion qui se présenta bientôt d'en appliquer les résultats au plus
grand monument moderne, révéla à tous les esprits l'importance des
données sur lesquelles se fondent les opérations de l'art de bâtir. De
nombreux accidens s'étaient manifestés à la coupole de Saint-Pierre de
Rome; déjà plusieurs architectes et ingénieurs, induits en erreur par
de fausses théories, avaient fait concevoir des doutes sur la solidité ori-
ginaire de cet admirable ouvrage, lorsque le marquis Poléni, savant
professeur de Padoue, fut appelé par Benoît XIV, alors souverain Pon-
tife, pour approfondir cette question délicate. Après un mûr examen
de l'état des choses et des diverses opinions émises à ce sujet, cet homme
habile dissipa entièrement les inquiétudes que ces accidens avaient fait
naître, et prouva, à l'aide d'une démonstration aussi ingénieuse que
concluante, le parfait équilibre de cette belle construction[4].

Un édifice du même genre[5] vint ensuite solliciter chez nous l'étude
de ces hautes théories. Ici la possibilité du dôme, avec les moyens pro-
posés, était non-seulement contestée[6], on allait jusqu'à prétendre que

---

[1] Sebastiano Serlio, Andrea Palladio, etc.

[2] *Omnibus armis ornati.* Vitruve, Liv. Ier., Chap. Ier.

[3] Voyez, IVe. section du livre IX de cet ouvrage.

[4] Voyez *Memorie historiche della gran cupola del tempio Vaticano.* Padoue,
1748, Liv. I, Chap. IX.

[5] L'église de Sainte-Geneviève.

[6] Mémoire contre la construction de la coupole projetée pour couronner la nou-

cia romana[1] ediderant, eorum tantum formam et mensuram plus minusve apte reddiderant, nullis autem depromptis præceptis, quæ in perpetuum architecturæ doctrinam perfecissent, impedimentoque salutari fuissent, ne sæpius in errorem ars postea delaberetur. Conjiciendum est eos improbo labori, in quo scientia illa versatur, minus incubuisse, et artis tantum quasi picturam adamasse, procul dubio illecebrosam : quiquidem, ut ait Vitruvius, *non omnibus armis ornati*[2] curriculum inierunt.

Mathematicos autem, qui superiore seculo floruerunt, id gloriæ manebat, ut difficiles eas quæstiones et adgrederentur et solverent. Primum ad leges de fornicibus exquirendas scientia spectavit[3], moxque oblata occasione eas leges ad amplissimum recentiorum monumentorum accommodandi, omnibus patuit quanti essent momenti doctrinæ, quibus artis ædificatoriæ opera nituntur. Scilicet quum romano Sancti Petri tholo nonnihil detrimenti sæpius accidisset, jamque architecti plures, erranti doctrinæ obsequuti, mirabilis illius monumenti stabilem naturam in dubium vocavissent, doctus Patavii professor, Poleni, a Benedicto XIV, summo pontifice, ad rem arduam enucleate tractandam arcessitus venit : et, postquam vir ille peritus quomodo quæque se haberent attente consideraverit, variasque hac de causa sententias pependerit, quidquid reformidatum fuerat evanuit, atque non minus recta quam solerti argumentatione, quali eximia hæc structura æquilibrio staret, innotuit[4].

Ædificium postea simile quoddam apud nos exstruendum[5], summarum disquisitionem legum proposcit : tunc, non tantum, num concameratum fastigium propositis rationibus effici posset, sed etiam

---

[1] Sebastiano Serlio; Andrea Palladio, etc.

[2] Vitruv. lib. 1, cap. 1.

[3] Vid. VI. segm., lib. IX hujus operis.

[4] Vide *Memorie historiche della gran cupola del tempio Vaticano, Patavii,* 1748. Lib. I, Cap. IX.

[5] Ecclesia Sanctæ Genovefæ.

les piliers n'avaient pas les dimensions suffisantes pour supporter le poids de la coupole. Quoique dépourvues de fondemens solides, ces assertions, dictées à leur auteur par ce zèle qui le distingua dans l'exercice de sa profession, contribuèrent puissamment aux progrès de l'art de bâtir. On détruisit victorieusement les bases sur lesquelles ses raisonnemens étaient appuyés, et par des expériences entièrement neuves, et dont le résultat ne pouvait laisser aucune incertitude[1], il fut démontré que la résistance des piliers, bien loin d'être inférieure au fardeau qu'ils avaient à soutenir, était au contraire de beaucoup supérieure à son effort. Cette circonstance mémorable fait assez connaître l'état de l'architecture, à une époque très-rapprochée de nous.

Ces savantes discussions venaient de répandre le plus grand jour sur les vrais principes de la construction; et c'est à dater de ce moment, que l'on fut à même de pouvoir concilier les données de l'art avec celles de la théorie. Dès-lors, on en vint généralement à reconnaître que le but essentiel était, avant tout, de construire des édifices solides, en y employant une juste quantité de matériaux choisis et mis en œuvre avec art et économie.

En effet, c'est le mérite de la construction, qui constitue à tous les yeux le premier degré de beauté d'un édifice; et la perfection qu'il tient de l'art de bâtir, excite surtout notre admiration, par cela seul qu'elle devient le garant d'une plus longue durée.

L'art de bâtir consiste dans une heureuse application des sciences exactes aux propriétés de la matière. La construction devient un art, lorsque les connaissances de la théorie unies à celles de la pratique président également à toutes ses opérations.

velle église de Sainte-Geneviève, par M. Patte, architecte du duc de Deux-Ponts, Paris, 1770.

[1] M. Gauthey, inspecteur général des ponts et chaussées, dans un mémoire publié en 1771, réfuta celui de M. Patte, et conclut par dire que, non-seulement les piliers étaient suffisans pour supporter la coupole projetée, *mais qu'il était possible de s'en passer et de ne conserver que les douze colonnes qui y sont engagées.* (Voyez la note à la fin du cinquième livre.) C'est à ce sujet qu'il imagina cette machine pour éprouver la force des pierres, dont MM. Soufflot et Peyronnet firent usage pour les grands travaux qui leur étaient confiés, et que nous avons modifiée dans la suite.

an structiles columnæ sustinendo tholi oneri essent pares, in dubio erat [1]. Hæc dubitatio, infirmis quidem argumentis enixa (qui autem objiciebat, eo ardore, quo semper artem suam coluit, incitabatur) progredienti ædificatoriæ arti valde profuit. Quidquid pro obstantibus pugnare videbatur, omnino dilutum est, ignotisque adhuc experimentis, unde nihil non aperti consequebatur [2], demonstratum est, structiles columnas vi resistenti graviora multo onera ferre posse, nedum sustinendo suo impares essent. Ex iis satis intelligendum erit, qualibus in tenebris, ætate vix præterità, architectura etiamnum jaceret.

Quibus doctissimis controversiis certæ struendi leges plurimum illustratæ fuerant, et ab eo tantum tempore exercitatio artis et doctrina sibi mutuo facem præbuerunt; jam tunc generatim constat ad id præcipuum perveniendum esse, ut in struendis stabilibus ædificiis justa tantum materiæ moles adhibeatur, sed caute et cum judicio disposita.

Etenim apta structura omnium oculis præcipuus ædificiorum decor habetur; et quanto plus in iis artem struendi callidam dignoscimus, eo major nos movet admiratio, quia subit speratæ longinquitatis provisio.

Ars ædificandi in hoc constat, ut stabilitatis et æquilibrii leges variis materiæ virtutibus feliciter accommodentur. Structura autem ars erit, si modo meditationes, tum ex ratiocinatione, tum ex usu ortæ, æquam laboris componendi partem vindicant.

[1] Commentarium contra structuram tholi propositi ad culmen novæ ecclesiæ Sanctæ Genovefæ, auctore *Patte*, architecto Bipontini Ducis, Lutetiæ 1770.

[2] Quod quidem commentarium, *Gauthey*, vir pontibus viisque præpositus, in commentario anno 1771 edito, refutavit, et conclusit non tantùm pilas tholo proposito sustinendo esse pares, *sed etiam eas fortasse non esse necessarias, inclususque duodecim columnas sufficere.* (Vide notam in fine, lib. V.) Quamobrem hanc ad experiendam vim lapidum invenit machinam, qua architecti *Peyronnet* et *Soufflot*, ad conficiendos magnos sibi commissos labores usi sunt, et in qua posteà aliquid mutavimus.

On appelle théorie le résultat de l'expérience et du raisonnement, fondé sur les principes de mathématique et de physique appliqués aux différentes combinaisons de l'art. C'est par le moyen de la théorie, qu'un habile constructeur parvient à déterminer les formes et les justes dimensions qu'il faut donner à chaque partie d'un édifice, en raison de leur situation et des efforts qu'elles peuvent avoir à soutenir, pour qu'il en résulte proportion, solidité et économie · c'est par elle qu'il peut rendre raison de tous les procédés qu'il propose pour l'exécution d'un ouvrage; elle est encore son guide dans les cas difficiles et extraordinaires. Mais comme on ne peut raisonner juste que sur les choses que l'on connaît à fond, il en résulte qu'un théoricien doit joindre à la connaissance des principes et de l'expérience, celle des opérations de la pratique et de la nature des matériaux qu'elle met en œuvre.

Ce sont ces différentes connaissances, que l'auteur a tâché de réunir dans son ouvrage, afin d'en former un traité, qui renfermât ce qui est essentiellement utile à un architecte, et en général à tous ceux qui sont chargés de faire exécuter des travaux de bâtimens.

PARIS. — IMPRIMERIE ET FONDERIE DE FAIN,
RUE RACINE, Nº. 4.

1830.

Ratiocinatio vocatur pars scientiæ, quæ ex ratione et experientia constat, elementisque tam mathematicis quam physicis ad varios artis modos accommodatis enititur. Ratiocinatione autem auxiliante, peritus ædificator inveniet qualis forma, quanta mensura cunctas ædificiorum partes, pro cujusque loco et onere sustinendo, deceat, ut omnia inter se apta congruant et aliquid stabile modico pretio fiat: docente tantum scientia, quidquid ad conficiendum opus excogitatum erit, demonstrare licet; illaque iterum duce, bene res sese expedire poterit, si quid difficile et insolitum eveniat. At, quum de iis tantum, quæ apprime noverimus, judicium vigere possit, necesse est in speculando architectum, non tantum artis legibus et experientia generali, sed etiam operis exercitatione et materiæ adhibendæ cognitione, instructum esse.

Hujusmodi est doctrina, quam auctor colligere conatus est, ut quidquid architecto, nec non cuivis ædificium quodlibet suscipienti utile erit, hic liber complectatur.

PARISIIS. — TYPIS, IN PROPRIA ÆDE FUSIS, FAIN EXCUDEBAT.
VIA RACINEA, N°. 4, JUXTA ODEON.
1830.

Avis.

De nouvelles demandes du **TRAITÉ DE L'ART DE BATIR** nous étant journellement adressées depuis que le tirage des huit livres déjà publiés de la nouvelle édition se trouve épuisé, les trois premiers volumes vont être remis sous presse.

Conditions de la Souscription.

Le premier volume sera mis en vente avant la fin de janvier 1830. Le prix est de 20 francs, et celui des autres volumes sera le même pour les personnes qui, dans l'intervalle du premier au deuxième volume, se seront fait inscrire pour la totalité de l'ouvrage.

Passé ce terme, le prix de chaque volume sera porté à 25 francs.

Cette sixième édition n'apportera aucun retard à la publication des deux derniers livres.

Le quatrième volume, comprenant le livre IX, THÉORIE DES CONSTRUCTIONS, ET DE LA POUSSÉE DES VOUTES, *va bientôt paraître; l'ouvrage, formant cinq volumes in-4°., imprimés sur papier grand-raisin, avec 200 planches, sera entièrement terminé en 1830.*

PARTIES DÉJA PUBLIÉES :

LIVRE I. Connaissance des matériaux.	LIVRE IV. Maçonnerie.
LIVRE II. Constructions en pierres de taille.	LIVRE V. Charpente.
	LIVRE VI. Menuiserie.
LIVRE III. Stéréotomie.	LIVRE VII. Serrurerie.
	LIVRE VIII. Couverture.

ON SOUSCRIT
CHEZ M. A. RONDELET FILS,
ARCHITECTE,

ÉDITEUR DES OEUVRES DE SON PÈRE.

a Paris.

PLACE SAINTE-GENEVIÈVE, VIS-A-VIS L'ÉCOLE DE DROIT.

M. DCCC. XXX.